Gisela Weigand

# Große Raben schwarz und frech

Fenster- und Wandbilder durchs Jahr hindurch

frechverl

# Im frechverlag sind zahlreiche andere Titel erschienen. Hier eine Auswahl:

TOPP 2024

TOPP 2009

TOPP 1942

TOPP 1938

TOPP 2222

TOPP 1929

Die Beschreibungen der Motive von Titel- und Rückseite finden Sie auf Seite 32.

Fotos: frechverlag GmbH + Co. Druck KG, 70499 Stuttgart;
Fotostudio Ullrich & Co., Renningen

Diese Buchmappe enthält:
3 Vorlagenbogen

---



---

Auflage: 8. 7. 6. 5. 4. | Letzte Zahlen
Jahr: 2002 2001 2000 1999 98 | maßgebend



frechverlag GmbH + Co. Druck KG, 70499 Stuttgart

ISBN 3-7724-2047-8 · Best.-Nr. 2047

Druck: frechverlag GmbH + Co. Druck KG, 70499 Stuttgart

Raben gelten als besonders intelligente und anpassungsfähige Vögel. So jedenfalls kann man's im Lexikon lesen. Wie gewitzt und aufgeschlossen für alles Neue die großen schwarzen Gesellen tatsächlich sind, zeigt sich, wenn wir sie durchs Jahr begleiten:

Da wirft sich ein Rabe für die Silvestergala durchaus mal fein in Schale. Zum Karneval schmückt er sich mit einem lustigen Clownskostüm. Hahn und Henne staunen nicht schlecht, wenn nach dem Rabenbesuch plötzlich ein schwarzes Ei im Nest liegt. Wußten Sie übrigens, daß Raben den Frühling am liebsten unbeschwert im Tulpenbeet genießen? Oder sie sitzen einfach auf der Wiese und lassen sich die Sonne aufs bunte Gefieder scheinen.

Fein herausgeputzt trifft man die Raben im Mai oft paarweise an. Ein Apfelbaum trägt nicht nur leckere Früchte, die der Rabe im Sommer ernten kann, an seinen Ästen kann man auch prima schaukeln.

Der Herbstwind fegt die Blätter von den Bäumen und trägt den pfiffigen Raben im Fallschirm vom Himmel. Auch der Regenschirm ist oft dabei – er schützt jedoch nicht unbedingt vor nassen Füßen.

Im Winter ist nach der rasanten Schlittenfahrt der Tisch im Vogelhäuschen reich gedeckt. Und kennen Sie schon den Rabennikolaus?

Wie Sie sehen, ist das Rabenjahr keineswegs rabenschwarz, sondern farbenfroh und fröhlich. Und es steckt voller origineller Überraschungen.

Viel Spaß beim Basteln!

Gisela Weigand

# Material

- Tonkarton in verschiedenen Farben, 250-300 g/m²
- Mittelgroße Schere
- Kleine, spitze, gebogene Schere
- Cutter mit Schneideunterlage
- Bleistift und Anspitzer
- Weicher Radiergummi
- Lineal
- Butterbrot- oder Transparentpapier
- Klebstoff
- Klebepunkte in verschiedenen Größen
- Filzstifte in Schwarz, Rot und Gelb
- Weißer Buntstift
- Nähnadel und Faden zum Aufhängen
- Klebefilm
- Lochzange
- Bastelunterlage (z.B. altes Tisch-set)

# Tips und Tricks

## Tonkarton

Die Raben-Fensterbilder erhalten die nötige Stabilität durch Tonkarton, der in vielen Farben im Fachhandel erhältlich ist.
Achten Sie darauf, den Tonkarton nicht zu lange zusammengerollt zu lassen. Sonst können sich Ihre Fensterbilder später verziehen.
Experimentieren Sie ruhig mit anderen Farben. Ein Rabe muß ja nicht immer schwarz sein. Lassen Sie Ihrer Phantasie freien Lauf!

## Die Motivübertragung

Für die Übertragung der einzelnen Teile gibt es zwei Möglichkeiten:

### 1. Direktübertragung

Pausen Sie zunächst alle Teile ohne Überschneidungen mit Bleistift auf ein Butterbrot- oder Transparentpapier. Legen Sie nun die abgepausten Teile mit der Oberseite auf den Tonkarton, und fahren Sie mit dem Bleistift die Linien so nach, daß sie auf den Karton durchgedrückt werden.

### 2. Die Übertragung mit Schablonen

Pausen Sie zuerst alle Teile des gewünschten Fensterbildes mit Bleistift vom Vorlagenbogen auf Transparentpapier ab. Kleben Sie es auf Karton, und schneiden Sie die Schablonen sorgfältig aus.

Diese Schablonen werden dann auf den entsprechenden Tonkarton gelegt und mit Bleistift umfahren.
Bei dunklem Karton verwendet man am besten einen weißen Buntstift.
Die Arbeit mit Schablonen ist besonders sinnvoll, wenn Sie Einzelelemente mehrfach benötigen oder ein ganzes Fensterbild mehrmals herstellen wollen. Sie können so auch verschiedene Elemente neu kombinieren.

## Ausschneiden

Benutzen Sie stets eine scharfe Bastelschere oder einen Cutter.
Vergessen Sie die feste Schneideunterlage nicht.
Für kleine Teile oder Rundungen eignet sich eine spitze Nagelschere.

## Klebstoff

Legen Sie grundsätzlich alle Teile Ihres Fensterbildes zusammen, ehe Sie kleben. So können Sie die Schneidelinien nochmals überprüfen und eventuell korrigieren.
Gehen Sie sparsam mit dem Klebstoff um, und tragen Sie ihn immer einige Millimeter vom Rand entfernt auf, so daß beim vorsichtigen Zusammendrücken der einzelnen Teile nichts herausquellen kann.
Probieren Sie an einem kleinen Kartonstück, ob Ihr Klebstoff das Papier wellt oder durchnäßt.

## Deckungsgleiches Arbeiten der Vorder- und Rückseite

Bei allen Anleitungen wird jeweils die Gestaltung der Vorderseite beschrieben; die Rückseite kann entsprechend deckungsgleich gearbeitet werden. Die angegebenen Mengen beziehen sich immer auf beidseitig gestaltete Fensterbilder.
Beachten Sie, daß vor allem bei hellem Tonkarton die Überschneidungen beider Seiten bei Tageslicht deutlich zu sehen sind.
Sie können die schwarzen Linien auf der Rückseite nachfahren, wenn Sie Ihr Fensterbild mit der fertigen Vorderseite bei Tageslicht gegen eine Fensterscheibe drücken.

## Gestaltung der Rabenaugen

Für die Rabenaugen empfehle ich die Verwendung von weißen und schwarzen Klebepunkten, die in 8, 12 und 18 mm Durchmesser im Fachhandel erhältlich sind. Sie können sich so das mühsame Ausschneiden kleiner Kreise sparen.

## Aufhängung

Halten Sie das fertige Motiv zwischen Daumen und Zeigefinger, und suchen Sie durch Ausbalancieren den Aufhängepunkt. Mit Nadel und Faden wird das Bild an dieser Stelle einige Millimeter vom Rand entfernt durchstochen.
Bei großen Motiven benötigen Sie zwei Fäden; sie können aber auch mit Klebefilmröllchen direkt an der Fensterscheibe befestigt werden. Schneiden Sie dazu einige Zentimeter Klebefilm ab, und verbinden Sie Anfang und Ende so, daß ein Röllchen entsteht. Verteilen Sie einige Röllchen gleichmäßig auf einer Fensterbildseite, und drücken Sie Ihr Werk an die Scheibe.

# Schick im Frack

- Tonkarton in Schwarz, Rot, Gelb und Weiß
- 4 schwarze Klebepunkte, ø 18 mm

## Rabe

Malen Sie mit schwarzem Filzstift zuerst die Linien auf Weste und Fliege, und zeichnen Sie dann Knöpfe, Zunge und Nasenöffnungen. Orientieren Sie sich am Vorlagenbogen.
Kleben Sie dann die Weste, beide Frackschöße und den rechten Flügel auf den Rabenkörper. Fügen Sie den linken Flügel von hinten dazu. Dann die Fliege, die Füße und den Kopf aufkleben. Anschließend den Schnabel, die Augen und den Zylinder befestigen.

## Schirm

Malen Sie die Stoffbahnen mit einem schwarzen Filzstift auf den Schirm. Auch hier hilft der Vorlagenbogen.
Fügen Sie nun die Schirmteile zusammen, und kleben Sie das Ganze auf den Flügel des Raben. Nun ist er fein für die Silvestergala!

# Raben-karneval

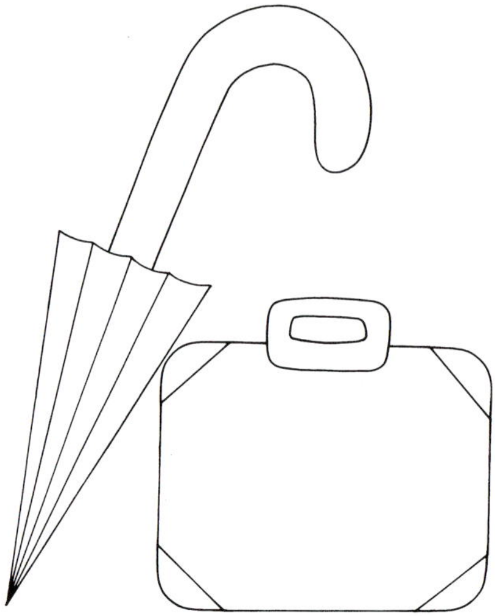

- Tonkarton in Schwarz, Weiß, Rot, Orange, Hellgrün, Gelb und Dunkelblau
- 34 weiße Klebepunkte, ø 12 mm
- 2 gelbe Klebepunkte, ø 8 mm (Sie können auch weiße Punkte mit einem gelben Filzstift anmalen.)

## Rabe

Der lustige Clown erfordert ein wenig Geduld. Zuerst die Anzugteile mit der Krawatte aneinanderkleben und mit den Flicken verzieren.
Danach die Füße, die Flügel und den Kopf von hinten an den Anzug kleben. Anschließend die Augen, den Schnabel mit Zunge, die Haare und den Hut mit der Blume auf dem Kopf befestigen.
Dann die Klebepunkte auf der Krawatte verteilen und die Nasenöffnungen mit einem schwarzen Filzstift aufmalen.

## Koffer

Fixieren Sie zuerst die vier Kofferekken sowie den Griff auf dem Koffer, ehe Sie diesen an einen Rabenflügel kleben. Orientieren Sie sich am Vorlagenbogen und an der Abbildung.

## Schirm

Zeichnen Sie die Stoffbahnen mit Filzstift auf den Schirm. Benutzen Sie dazu am besten ein Lineal.
Befestigen Sie den Schirm auf dem Stock, und kleben Sie diesen auf den noch freien Flügel des Raben.

*Das Fensterbild kann mit einem Faden aufgehängt oder mit Klebefilmröllchen (siehe Seite 5) direkt an der Fensterscheibe fixiert werden.*

# Bunte Raben auf der Wiese

- Tonkarton in Schwarz, Dunkelblau, Rot, Gelb, Weiß und Hellgrün
- 16 schwarze Klebepunkte, ø 12 mm

●●●●●

Dieses Fensterbild eignet sich besonders gut für Ungeübte. Für die Rabenkörper, Schnäbel, Flügel und Füße können Sie jeweils eine Schablone anfertigen, die Sie mehrfach verwenden.
Kleben Sie den bunten Gesellen zuerst Schnäbel und Augen auf, und plazieren Sie sie dann auf der Wiese. Beim Befestigen der Flügel können Sie sich am Vorlagenbogen orientieren. Bitte beachten Sie, daß die Flügel des schwarzen Raben von hinten angeklebt werden.

Besonders sorgfältig sollten Sie beim gelben Raben arbeiten; bei Tageslicht können sonst unschöne Schatten entstehen. Die Nasenöffnungen werden zuletzt mit einem schwarzen Filzstift aufgemalt. Fertig sind die lustigen Vögel!

# Frühling in den Tulpen

- Tonkarton in Schwarz, Weiß, Rot, Gelb und Hellgrün
- 4 schwarze Klebepunkte, ø 12 mm
- 18 rote Klebepunkte, ø 12 mm (Sie können auch weiße Punkte mit einem roten Filzstift anmalen.)

Zuerst die Füße, den Schnabel und die Augen auf den Rabenkörper kleben. Dann den Tulpenstiel, die Blüte und den Flügel am Raben fixieren. Verteilen Sie jetzt die übrigen Tulpenstiele mit den Blüten und die Wiesenblumen mit den Klebepunkten auf dem grünen Rasenstück, wie auf dem Vorlagenbogen abgebildet.
Zum Schluß ergänzen Sie die Nasenöffnungen des Raben und die Linien auf Tulpen und Wiesenblumen mit einem schwarzen Filzstift.

# Besuch im Hühnerhaus

- Tonkarton in Gelb, Schwarz, Rot, Weiß und Orange
- 4 schwarze Klebepunkte, ø 12 mm
- 4 schwarze Klebepunkte, ø 8 mm
- 4 weiße Klebepunkte, ø 12 mm zum Aufmalen der Augen

*Bei beidseitiger Gestaltung sollten Sie darauf achten, genau gegengleich zu arbeiten, denn farbige aufgeklebte Teile leuchten bei Tageslicht bei dem weißen Hahn und seiner Henne durch.*

## Rabe

Schneiden Sie zuerst das Hühnerhaus aus. Kleben Sie dem Raben die Beine auf den Körper, und plazieren Sie ihn im Gebälk. Fixieren Sie dann den rechten Flügel von vorne, den linken von hinten. Kleben Sie erst jetzt Kopf, Augen und Schnabel auf, und ergänzen Sie die Nasenöffnungen mit einem schwarzen Filzstift.

## Hahn und Henne

Kleben Sie die Beine auf die Körper von Hahn und Henne, und fixieren Sie die beiden mit den Füßen am Hühnerhaus. Ergänzen Sie Flügel, Köpfe, Kämme, Augen, Schnäbel und Halslappen. Die schwarzen Augen werden mit Filzstift aufgemalt. Sie können dazu weiße Klebepunkte als Schablonen verwenden. Vergessen Sie nicht, die Linien in den Schnäbeln aufzumalen.

## Eier

Verteilen Sie die zehn Eier so, daß das rabenschwarze Ei unter dem frechen Gast liegt.

Befestigen Sie das Fensterbild mit zwei Fäden, die Sie durch den oberen Bogen des Hühnerhauses ziehen. Sie können natürlich auch Klebefilmröllchen verwenden (siehe Seite 5). So vermeiden Sie, daß dieses große Motiv durchhängt.

# Barfuß im Regen

- Tonkarton in Grau, Pink, Gelb, Schwarz, Rot, Weiß und Dunkelblau
- 4 schwarze Klebepunkte, ø 12 mm
- Nadel und Faden

Etwas aufwendig, aber die Mühe lohnt sich für dieses freche Kerlchen!

## Schirm

Kleben Sie erst die gelben Schirmteile und die Stockspitze auf den Schirm, ehe Sie das Ganze auf dem Schirmstock plazieren.

## Rabe

Fixieren Sie nun den Rabenkörper mit den Füßen an der Pfütze. Malen Sie dann mit einem schwarzen Filzstift die Zunge auf die untere Schnabelhälfte. Die Augen und den Schnabel auf dem Kopf ergänzen und diesen am Körper befestigen. Kleben Sie den Schirm auf den Raben, und fixieren Sie ihn mit dem Flügel. Malen Sie anschließend die Körperlinie mit einem weißen Buntstift, wie auf dem Vorlagenbogen angegeben.

## Regentropfen

Zuerst die vom Schirm herabfallenden Regentropfen mit Nadel und Faden befestigen. Dann die übrigen Tropfen auf dem Schirm und dem Raben festkleben.

# Für die liebste Raben-mutter

- Tonkarton in Weiß, Schwarz, Gelb, Dunkelblau und Rot
- 4 schwarze Klebepunkte, ø 12 mm

Dieses drollige Rabenkind eignet sich als Geschenk für viele Gelegenheiten. Ideal auch für Tonkarton-Neulinge!

Bekleben Sie zuerst das Gesicht mit Augen, Schnabel und Hutrand. Fügen Sie den Hut von hinten hinzu. Erst jetzt den Kopf auf den Körper kleben. Füße, Herz und Flügel befestigen und zuletzt die Nasenöffnung aufmalen.

# Wir sind ein Rabenpaar

- Tonkarton in Schwarz, Gelb, Rot und Hellgrün
- 8 weiße Klebepunkte, ø 18 mm
- 8 schwarze Klebepunkte, ø 12 mm

Bei dem eleganten Rabenmann zuerst den Hut mit dem Rand am Körper fixieren. Dann die Augen, den Schnabel und die Fliege aufkleben.
Bei seiner schicken Frau das Halstuch auf dem Körper ergänzen, dann den Schnabel, die Augen und die Schleife.
Bei beiden Raben mit den Beinen die Wiese unter dem Körper fixieren. Zum Schluß zeichnen Sie die Nasenöffnungen und alle schwarzen Linien wie auf dem Vorlagenbogen auf.
Sind sie nicht ein schönes Paar?

# Raben bei der Apfelernte

- Tonkarton in Rot, Hellgrün, Braun, Schwarz, Weiß, Dunkelblau und Gelb
- 12 schwarze Klebepunkte, ø 12 mm

Für die fleißigen Raben bei der Apfelernte ist etwas Geduld erforderlich. Beachten Sie, daß die beiden sitzenden Vögel identisch gearbeitet werden.
Malen Sie zuerst alle weißen Linien mit weißem Buntstift und alle schwarzen Stellen mit schwarzem Filzstift auf. Sie können sich am Vorlagenbogen orientieren.

## Raben

Kleben Sie zuerst die Füße, dann den Apfel, die Flügel und den Kopf auf den Körper. Ergänzen Sie dann Schnabel und Augen. Befestigen Sie nun den Hut mit Hilfe des Hutrandes am Kopf. Ergänzen Sie anschließend das große Blatt an den Äpfeln der sitzenden Raben.

## Baum

Fixieren Sie die Baumkrone am Stamm. Nun den Baum, einen sitzenden und den stehenden Raben auf der Wiese plazieren.
Achten Sie darauf, daß sich die schwarzen Gesellen so nahe am Stamm befinden, daß ihre Hüte an der Baumkrone befestigt werden können. Dadurch erhält das Fensterbild die nötige Stabilität. Jetzt den zweiten sitzenden Raben und die kleinen Äpfel hinzufügen.

*Für die Aufhängung eignen sich Klebefilmröllchen am besten.*

# Fliegen im Herbstwind

- Tonkarton in Schwarz, Rot, Gelb, Weiß und Hellgrün
- 4 schwarze Klebepunkte, ø 12 mm
- Nadel und Faden

Für diesen pfiffigen Flieger sollte man schon etwas Übung haben, doch die Mühe lohnt sich. Bekleben Sie zuerst den Kopf mit Augen, Brille, Schnabel und Helm, und malen Sie die Nasenöffnungen auf. Fixieren Sie dann Gurte und Füße auf dem Körper. Für die Löcher im Fallschirm und in den Gurten sollten Sie eine Lochzange verwenden.
Kleben Sie dann den Kopf und die Flügel auf den Körper. Hängen Sie den Raben mit Hilfe von Nadel und Faden am Fallschirm auf. Ziehen Sie dazu den Faden abwechselnd durch das Loch im Gurt und durch die Löcher im Fallschirm, bis der halbe Fallschirm an einem Gurt hängt.
Zum Schluß verknoten Sie den Faden in der gewünschten Länge. Auf der anderen Seite können Sie genauso vorgehen.

# Herbstprogramm für Raben

Beschreibung Seite 22

# Herbstprogramm für Raben

Abbildung Seite 21

- Tonkarton in Schwarz, Weiß, Rot, Dunkelgrün, Gelb, Orange, Braun, Hellgrün und Grau
- 4 schwarze Klebepunkte, ø 12 mm
- Nadel und Faden

Dieses raffinierte Motiv erfordert etwas Geduld.
Kleben Sie zuerst Schnabel und Augen auf den Rabenkörper, und fixieren Sie den fleißigen Gesellen dann mit den Füßen auf der Wiese.
Den Ast sollten Sie aus Stabilitätsgründen doppelt kleben. Verteilen Sie dann mit Hilfe der Abbildung und des Vorlagenbogens die bunten Blätter.
Befestigen Sie jetzt die Harke und den Flügel am Rabenkörper. Nun noch die Nasenöffnungen mit einem schwarzen Filzstift aufmalen.
Zum Schluß den Raben und den Laubberg mit Hilfe von Nadel und Faden unter dem Herbstast befestigen.

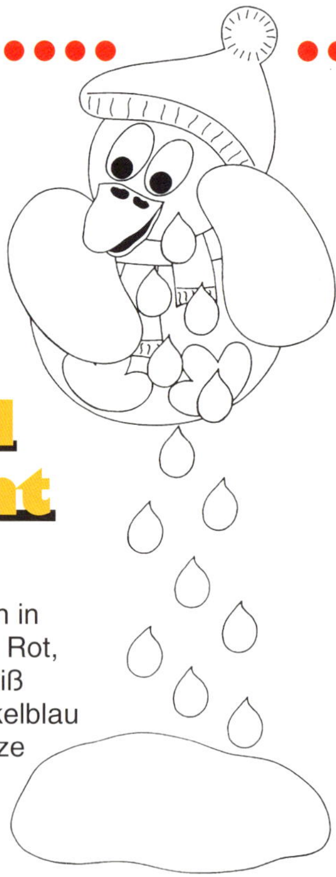

# Paul weint

- Tonkarton in Schwarz, Rot, Gelb, Weiß und Dunkelblau
- 4 schwarze Klebepunkte, ø 12 mm

Zuerst mit einem schwarzen Filzstift die Zunge malen. Danach den Schnabel, die Augen und die Mütze auf den Kopf kleben. Plazieren Sie nun den dreiteiligen Schal, den rechten Flügel, den Kopf und die Füße auf dem Körper. Jetzt können Sie den linken Flügel und die Tränen auf dem Körper ergänzen.
Zum Schluß die Pfütze ankleben und die schwarzen Linien sowie die Nasenöffnungen mit einem Filzstift aufmalen.

*Eine originelle Variante erhalten Sie, wenn Sie die Pfütze zweimal ausschneiden und beidseitig auf den Raben kleben. Dann wirkt er, als ob er mitten im Wasser säße!*

# Sport im Winterbaum

- Tonkarton in Schwarz, Rot, Gelb, Hellgrün und Weiß
- 28 weiße Klebepunkte, ø 12 mm
- 28 schwarze Klebepunkte, ø 8 mm
- Wolle

Dieses Motiv erfordert ein wenig Fingerspitzengefühl. Es wirkt jedoch schwieriger, als es ist, denn im Baum befinden sich zwei gleiche schaukelnde Raben, zwei Doppelgänger stehen auf einem Ast, und von den drei sitzenden Gesellen ist einer spiegelverkehrt zu den anderen gearbeitet. Es lohnt sich also, Schablonen anzufertigen.

Zeichnen Sie zuerst alle weißen Linien sowie die schwarzen Zungen, die Nasenöffnungen und die Linien auf den Mützen und Schals. Orientieren Sie sich am Vorlagenbogen.
Kleben Sie dann allen Raben nacheinander die Füße, den dreiteiligen Schal, den Schnabel, die Augen und die Mütze auf.
Die Löcher in der Schaukel machen Sie am besten mit der Lochzange. Plazieren Sie dann den Raben auf dem Brett. Nehmen Sie ein Lineal zu Hilfe, und ritzen Sie die Flügel mit einem Cutter oder einer Schere vorsichtig von hinten an. Nun die Schaukel mit einem Wollfaden am Baum befestigen. Die Flügel werden mit wenig Klebstoff am Faden fixiert.
Damit der Rabe sich gut festhalten kann, die Flügel an den geritzten Linien leicht nach vorne klappen. Jetzt können Sie die übrigen sportlichen Raben auf dem Winterbaum verteilen.

*Zum Aufhängen sollten Sie einen langen Bindfaden durch die beiden höchsten Astverzweigungen ziehen. Sie können aber ebensogut Klebefilmröllchen verwenden (siehe Beschreibung Seite 5).*

*Die Anzahl und Anordnung der Raben können Sie natürlich ganz nach Ihren eigenen Wünschen und Vorstellungen verändern. Experimentieren Sie ruhig ein wenig.*

# Raben-nikolaus

- Tonkarton in Schwarz, Rot, Dunkelblau, Gelb und Weiß
- 4 schwarze Klebepunkte, ø 18 mm

*Ein Rabennikolaus ist übrigens auch eine pfiffige Geschenkidee zur Weihnachtszeit.*

## Rabe

Fixieren Sie den Mantel am Kopf, und kleben Sie die Pelzteile an Kragen, Knopfleiste und Saum auf. Befestigen Sie nun das Geschenkband über Kreuz auf dem Päckchen, und fügen Sie die rote Schleife hinzu.
Danach das fertige Geschenk auf den Mantel kleben und die Flügel sowie den Ärmelpelz fixieren.
Anschließend können Sie dem Rabennikolaus den Schnabel, die Augen und die Mütze mit Pelzrand und Bommel aufkleben. Zum Schluß die schwarzen Linien und die Nasenöffnungen mit einem Filzstift laut Vorlagenbogen aufmalen.

## Sack mit Geschenken

Zuerst die Kordel auf den Sack kleben. Danach die Geschenke von hinten am Sack fixieren. Orientieren Sie sich am Vorlagenbogen.
Zum Schluß die Linien auf der Kordel mit einem schwarzen Filzstift aufmalen.

*Zur fröhlichen Weihnachtsdekoration können Sie dem Rabennikolaus weitere Überraschungssäcke und Geschenkpakete hinzufügen. Wenn Sie ein großes Fenster zur Verfügung haben, wirken mehrere Nikoläuse besonders stimmungsvoll.*

# Winterrabe im Vogelhäuschen

- Tonkarton in Schwarz, Rot, Gelb, Türkis, Weiß und Braun
- 4 schwarze Klebepunkte, ø 12 mm
- 12 weiße Klebepunkte, ø 8 mm

## Vogelhaus

Die große Schneefläche auf das Dach des Vogelhauses kleben. Die beiden kleinen Schneeflächen auf dem Boden plazieren.

## Rabe

Zuerst den Raben ins Vogelhaus setzen. Dabei einen Flügel von vorne und den anderen von hinten am Vogelhaus festkleben. Befestigen Sie jetzt die Füße auf dem Körper. Den Schal aufkleben. Beachten Sie, daß ein Ende darüber, eines darunter plaziert wird. Anschließend den Schnabel, die Augen und die Mütze aufkleben. Zuletzt die Nasenöffnungen mit einem Filzstift aufmalen.

## Wurm

Den Kopf auf den Wurmkörper kleben. Die Augen hinzufügen, Pupillen, Nasenlöcher und Mund mit einem schwarzen Filzstift aufmalen. Zeichnen Sie zuletzt alle Linien der einzelnen Wurmglieder, wie auf dem Vorlagenbogen dargestellt. Dann können Sie die Tierchen aufs Vogelhaus kleben.

*Variieren Sie doch mal einige Winterraben ohne Vogelhäuschen, aber mit bunten Würmern! Oder wie wäre es mit farbigen Winterraben?*

# Schlitten-fahrt zu zweit

- Tonkarton in Weiß, Braun, Schwarz, Rot, Gelb und Hellgrün
- 8 weiße Klebepunkte, ø 18 mm
- 8 schwarze Klebepunkte, ø 12 mm

## Rabe auf dem Schlitten

Zuerst die Nasenöffnungen und die Zunge mit einem schwarzen Filzstift aufmalen. Dann den Schnabel, die Augen und die verzierte Mütze auf dem Kopf fixieren. Kleben Sie nun ein Bein von hinten an den Schlitten, und plazieren Sie diesen auf der Schneefläche.

Danach den Rabenkörper, das andere Bein und einen Flügel auf den Schlitten kleben. Anschließend den dreiteiligen Schal und den Kopf auf dem Körper fixieren.

## Rabe im Schnee

Auch bei diesem Raben erst die Zunge und die Nasenöffnungen mit einem schwarzen Filzstift aufmalen. Danach hintereinander die Füße, den Schal, den Kopf und einen Flügel von vorne sowie einen Flügel von hinten an den Rabenkörper kleben.

Zum Schluß den Schnabel, die Augen und die Mütze fixieren und den Raben wie auf dem Vorlagenbogen in den Schnee setzen.

Wenn man den Raben auf dem Schlitten zweimal bastelt, kann man einen Doppelschlitten durch den Schnee sausen lassen. Sie können den Doppelschlitten auch weiter an den vorderen Rand der Schneefläche setzen und zusätzlich einen Raben im Schnee plazieren, der noch mitfahren möchte.

Das Fensterbild mit einem langen Faden aufhängen, der durch beide Rabenmützen gezogen wird. So erhält dieses große Motiv die optimale Stabilität.

# Schaukeln im Apfelbaum

Abbildung auf der Titelseite

Ein fröhliches Fensterbild für Fortgeschrittene!

- Tonkarton in Braun, Hellgrün, Dunkelgrün, Schwarz, Rot, Weiß und Gelb
- 8 schwarze Klebepunkte, ø 12 mm
- Wolle

Kleben Sie zuerst Schnabel, Augen sowie Füße auf den Raben, und setzen Sie diesen auf die Schaukel. Den Ast sollten Sie der Stabilität wegen doppelt ausschneiden und zusammenkleben.
Danach die Äpfel sowie die kleinen und großen Blätter auf dem Ast fixieren. Anschließend mit einer Lochzange Löcher in die Schaukel und den Ast stanzen, durch die man einen Wollfaden zieht. Fixieren Sie die Rabenschaukel in der gewünschten Höhe. Mit wenig Klebstoff den Wollfaden auf den Flügeln anbringen.
Zum Schluß alles befestigen und mit einem schwarzen Filzstift verzieren. Beachten Sie den Vorlagenbogen.

# Schlafmütze auf dem Mond

Abbildung auf der Umschlagrückseite

- Tonkarton in Gelb, Schwarz, Rot, Dunkelblau und Lila

Auf dem Kopf den Schnabel und die Mütze mit dem Bommel fixieren. Dann den Kopf, die Füße, die Wolke und den Flügel auf den Körper kleben. Den anderen Flügel von hinten an Körper und Mütze anbringen.
Nun können Sie den fertigen Raben auf dem Mond fixieren. Danach die Kerze auf den Kerzenständer kleben und den Kerzenschein hinten an der Kerze plazieren. Mit einem roten Filzstift die Flamme malen. Umranden Sie sie mit einem schwarzen Filzstift, und vergessen Sie nicht, die Strahlen anzudeuten.
Anschließend die schlafenden Augen des müden Raben mit einem weißen Buntstift aufmalen. Nun noch die Nasenöffnungen ergänzen – fertig ist die niedliche Schlafmütze!